FILTRATION DES LIQUIDES

FILTRE UNIVERSEL

PAR

J. FÉRAUD

INGÉNIEUR CIVIL

Extrait du *Bulletin technologique*, N° 9 (Septembre 1894)
de la Société des Anciens Élèves
des Écoles nationales d'Arts et Métiers

PARIS
IMPRIMERIE ET LIBRAIRIE CENTRALES DES CHEMINS DE FER
IMPRIMERIE CHAIX
SOCIÉTÉ ANONYME AU CAPITAL DE CINQ MILLIONS
Imprimeur de la Société
Rue Bergère, 20
1894

FILTRATION DES LIQUIDES

FILTRE UNIVERSEL

PAR

J. FÉRAUD

INGÉNIEUR CIVIL

Extrait du *Bulletin technologique*, N° 9 (Septembre 1894)
de la Société des Anciens Élèves
des Écoles nationales d'Arts et Métiers

PARIS
IMPRIMERIE ET LIBRAIRIE CENTRALES DES CHEMINS DE FER
IMPRIMERIE CHAIX
SOCIÉTÉ ANONYME AU CAPITAL DE CINQ MILLIONS
Imprimeur de la Société
Rue Bergère, 20
1894

FILTRATION DES LIQUIDES

FILTRE UNIVERSEL

Nous avons exposé dans une précédente étude que : des matières d'une extrême ténuité, en suspension dans les liquides, peuvent être arrêtées par le passage de ce liquide à travers une paroi d'une certaine épaisseur perforée d'orifices de dimensions bien supérieures à ces impuretés.

Nous ajouterons qu'une paroi mince perforée d'orifices relativement grands, barrant un courant de liquide chargé d'impuretés, finit à la longue par s'obstruer ; si la vitesse ne dépasse pas certaines limites, elle devient alors capable d'arrêter les impuretés contenues dans le liquide, jusqu'au moment où, l'obstruction étant complète, l'écoulement est arrêté.

Tels sont, en résumé, les phénomènes qui se produisent dans toute filtration. Le premier cas s'applique aux parois filtrant par elles-mêmes, telles que les bougies en porcelaine. Le deuxième cas s'applique aux divers tissus employés plus particulièrement pour la filtration industrielle.

L'étude des phénomènes que nous venons de décrire nous avait conduit à un procédé de filtration comprenant en principe :

Une matière filtrante délayée dans un récipient raccordé à une source de liquide à filtrer et une paroi en toile métallique interposée entre l'entrée et la sortie du liquide.

En produisant l'écoulement, les fibres qui composent la

matière filtrante, entraînées par le courant sur le barrage, s'y feutrent automatiquement et si parfaitement qu'au bout d'une minute toutes les impuretés sont arrêtées et le liquide sort de l'appareil parfaitement limpide.

Les résultats obtenus par ce procédé sont les suivants :

1° Formation par le courant sur un barrage mince à grands orifices d'une paroi filtrant par elle-même sans le concours des impuretés contenues dans le liquide ;

2° Par suite, réduction énorme du temps, du liquide et du travail nécessaire à la formation de la couche filtrante ;

3° Augmentation considérable du débit, matière et barrage étant infiniment plus perméables que les tissus, la porcelaine, etc. ;

4° Possibilité d'approprier la matière filtrante et les appareils aux liquides à filtrer.

A la suite de nouvelles recherches entreprises pour répondre aux demandes qui nous sont parvenues, nous avons pu doter notre procédé de nouveaux avantages que nous énumérons ci-après :

5° Insensibilité complète des filtres aux chocs produits par les fermetures brusques de robinets et par l'action des pompes ;

6° Possibilité de demander aux filtres des débits variables, intermittents, sous des charges variables et sans réservoir intermédiaire ;

7° Nettoyage et stérilisation rapides des filtres et régénération de leur puissance filtrante.

Ces résultats ont pu être obtenus par une simple modification du mode d'emploi de la matière filtrante.

Au lieu de laisser au courant le soin de constituer automatiquement les parois filtrantes, nous les posons toutes formées sur le barrage. A cet effet, la matière filtrante est employée sous forme de feutre, il suffit d'en appliquer une feuille sur le barrage en toile métallique, de le recouvrir d'une deuxième feuille métallique perforée et d'en jointer les bords pour que le liquide ne puisse s'introduire dans l'élément ainsi formé qu'en traversant le feutre.

Par l'adjonction aux éléments de parois perforées recouvrant les feutres, ils acquièrent une résistance et une insensibilité telles que nous avons pu faire fonctionner impunément nos appareils sous des charges variant brusquement de 0 à 60^{m} de colonne d'eau, sans que la limpidité ait été le moins du monde altérée.

Régénération des parois filtrantes.

La filtration ayant pour objet d'arrêter toutes les impuretés en suspension dans les liquides, il est inévitable qu'au bout d'un certain temps le débit deviendra nul.

Si la filtration a pour objet d'arrêter les germes pathogènes, il en résulte, en outre, qu'après un certain temps, ces germes se propagent à travers l'épaisseur de la paroi filtrante, saillissent à l'intérieur et contaminent à nouveau le liquide filtré.

Il en résulte que la stérilisation s'impose pour tous les filtres arrêtant les germes pathogènes.

Nous distinguerons donc deux cas dans la régénération des parois filtrantes :

1° *Filtration industrielle*, dans laquelle la stérilisation des liquides n'est pas recherchée ;

2° *Filtration bactériologique*.

Filtration industrielle.

Ce cas s'applique plus particulièrement aux liquides dont la température élevée a détruit tous les germes ou ferments qu'ils contenaient (jus de sucrerie), ou simplement pour épurer les liquides des matières visibles à l'œil nu qu'ils tiennent en suspension. La matière filtrante que nous livrons pour ce cas spécial arrête le sulfate de baryte précipité dans l'eau.

Pour les liquides miscibles à l'eau, on régénère les parois filtrantes par un simple lavage des éléments à la lance au moyen de l'eau sous une pression de quelques mètres.

Pour les liquides non miscibles à l'eau, il est nécessaire de lessiver, à froid, les éléments tout montés dans l'appareil, avec une solution faible de carbonate de soude, de laver à la lance et de faire sécher ensuite les éléments, soit dans une étuve, soit dans le voisinage des chaudières de l'usine.

Filtration bactériologique.

Dans ce cas, la stérilisation des filtres s'impose lors de leur mise en fonction et après chaque lavage.

A cet effet, la stérilisation peut être obtenue par deux procédés également efficaces.

1° En faisant dissoudre dans l'appareil préalablement lavé, s'il est déjà en fonction, et plein d'eau, du permanganate de soude ou de potasse à raison de 1 gramme par litre d'eau. On maintient le filtre en cet état pendant vingt minutes, au bout desquelles on ouvre le robinet de sortie et le robinet d'arrivée de l'eau. Le produit de cette filtration, bien qu'inoffensif, est rejeté à la vidange tant qu'il sort coloré. Quand la coloration a disparu, une simple manœuvre de robinets ramène le liquide filtré dans la conduite qui doit le recevoir.

2° Un moyen plus simple et encore plus économique consiste à stériliser les Filtres Universels au moyen d'une injection de vapeur, qu'il est toujours possible de se procurer dans une usine.

On a établi, en effet, que la plupart des bacilles sont détruits à la température de 100° C., et qu'aucun germe connu ne subsiste, s'il est soumis à la température de 110° C., pendant dix minutes. Il suffit donc d'introduire dans nos appareils de la vapeur à la pression de $1^{kg},500$ par centimètre carré pendant dix à quinze minutes pour être certain de leur stérilisation parfaite.

Dans le cas de stérilisation par la vapeur, les filtres sont munis de tous les organes spéciaux nécessaires.

Puissance filtrante des feutres.

L'indifférence des éléments aux variations de la pression d'écoulement a permis d'augmenter notablement le débit en augmentant cette pression. Nous avons pu déterminer la loi d'accroissement qui en résulte par des expériences directes, en faisant varier les charges de 1^m à 60^m de colonne d'eau. Le tableau ci-après donne l'augmentation proportionnelle des débits sous ces différentes charges.

Charges en colonne d'eau :

1^m	5^m	10^m	15^m	20^m	30^m	40^m	50^m	60^m

Débits :

1 — 1.52—2.29—3.07—3.84—5.40—6.95—8.50—10.05

Théoriquement, la durée des feutres, par le fait de leur régénération, est indéfinie; pratiquement, les feutres diminuent d'épaisseur à chaque lavage; mais, si l'on opère avec quelque soin, il est possible de laver une vingtaine de fois les éléments avant d'avoir à les changer.

Il est facile dès lors de comprendre combien le fonctionnement de nos appareils est économique.

Description des Filtres Universels.

Les deux types principaux d'appareils que nous construisons réunissent tous les perfectionnements susceptibles d'en assurer un fonctionnement durable et économique.

Type A.

Les filtres du type A s'appliquent plus particulièrement à l'épuration des liquides sous des charges n'excédant pas 15^m de

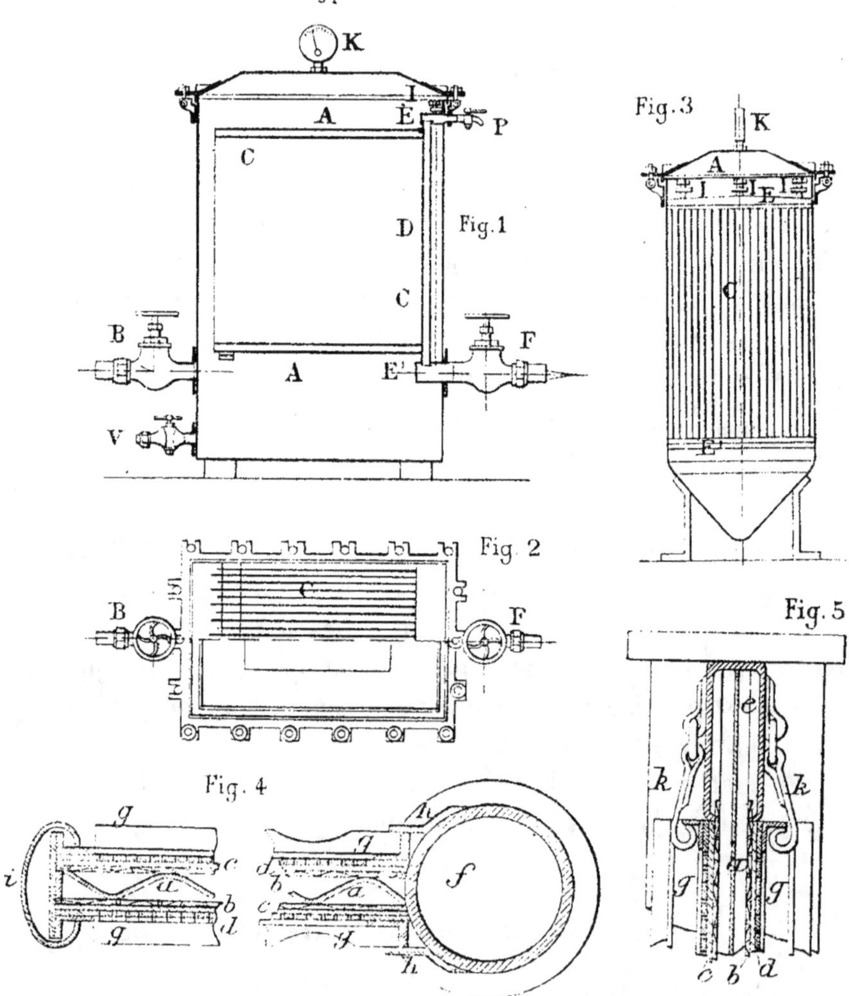

colonne d'eau. Leur stérilisation peut donc être obtenue par les deux procédés signalés plus haut. Leur surface filtrante varie de 10 à 50^{m^2}; leurs éléments sont carrés ou rectangulaires.

Le liquide à filtrer pénètre dans le récipient **A** par le robinet B, traverse les parois filtrantes des éléments C, C, C et se rend dans les collecteurs EE′ par les tuyaux D. Du collecteur inférieur E′, le liquide filtré sort de l'appareil par le robinet F; I, I, I, vis de serrage jointant tous les éléments sur les collecteurs par un serrage unique; K, manomètre; P, robinet de purge; V, robinet de vidange.

Les *figures 4* et *5* représentent les détails des éléments à plus grande échelle.

a, a, a claies, grillages, feuilles plissées, etc., maintenant les toiles métalliques à leur écartement; *b, b, b* toiles métalliques, *c, c, c* feuilles de matière filtrante; *d, d, d* feuilles perforées; *e, e* tubes horizontaux limitant les éléments en haut et en bas; *f, f* tubes verticaux limitant un troisième côté des éléments, et recevant le liquide filtré pour le conduire aux collecteurs; *g, g, g* cornières rigides encadrant les feuilles perforées *d.d*; *h,h,h* feuillures sur les tubes verticaux permettant de jointer les éléments le long des tubes *f*; *i* couvre-joint fermant le quatrième côté des éléments; *k, k* charnières à ressort jointant les éléments en haut et en bas.

Pour monter un élément, on place une feuille de feutre sur chaque toile métallique, on insère l'une des cornières *g* dans les feuillures *h*, et on rabat ces parois externes sur les feutres. on ferme les charnières en les rabattant sur les cornières, et on jointe le quatrième côté en faisant glisser le couvre-joint *i* sur le bord de l'élément.

Les éléments ainsi montés sont placés au fur et à mesure sur le collecteur du bas, qui est fixe. Quand tous les éléments sont en place, on pose le collecteur du haut, et, par le serrage des vis I, I, I, on jointe à la fois collecteurs et éléments dans leur position de fonctionnement. Il suffit alors de visser le robinet de purge P, de jointer le couvercle et de stériliser, s'il y a lieu, pour que le filtre soit prêt à fonctionner.

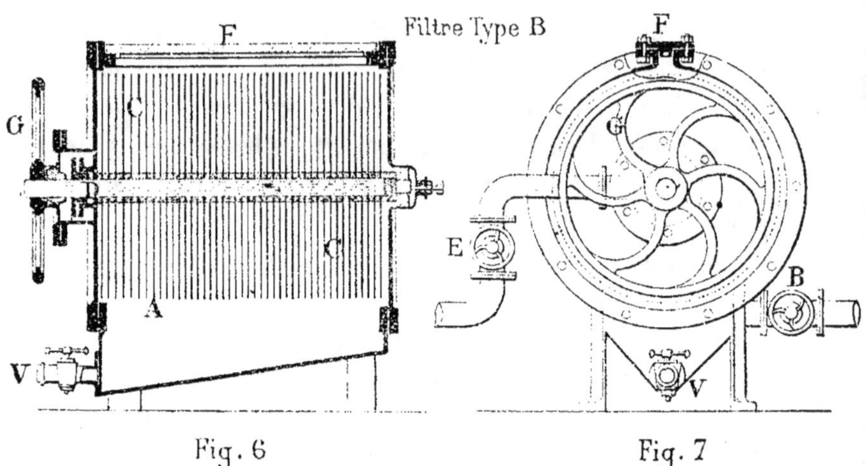

Fig. 6 Fig. 7

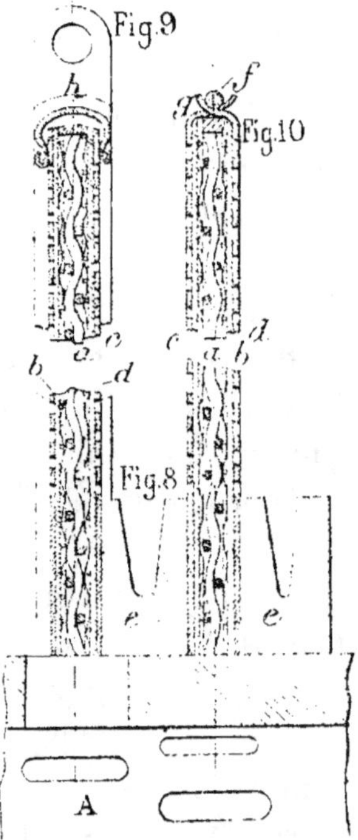

Type B.

Les Filtres Universels du type B s'emploient plus particulièrement pour les petits modèles de 1 à 10^{m2} de surface filtrante, et pour les plus puissants de 50 à 200^{m2}.

Ce modèle, de forme cylindrique, à éléments circulaires, est exclusivement employé toutes les fois que la pression excède 1^{kg},500 par centimètre carré.

Le liquide à filtrer pénètre par le robinet B dans le récipient A, traverse les éléments C, C, C, pour se rendre dans le collecteur central D et de là à l'extérieur par le robinet E; F porte de lavage; G, volant monté sur l'arbre des éléments pour les faire tourner lors des nettoyages; V, robinet de vidange.

A, arbre central portant les éléments *a*, *a*, *a*, claies, grillages, plateaux cannelés ; *b*, *b*, *b*, toiles métalliques ; *c*, *c*, *c*, feuilles de matière filtrante ; *d*, *d*, *d*, feuilles perforées ; *e*, *e*, *e*, bagues séparant les éléments ; *f*, joint sur le champ des éléments.

(Fig. 9), autre disposition pour petits éléments ; *h*, couvre-joint articulé avec boulon de serrage.

Les appareils du type B de faibles surfaces n'ont pas de portes de lavage ; on lave les éléments en sortant l'arbre tout monté.

Les avantages de notre procédé sont indépendants de l'étendue des surfaces filtrantes employées. Nous avons pu ainsi produire

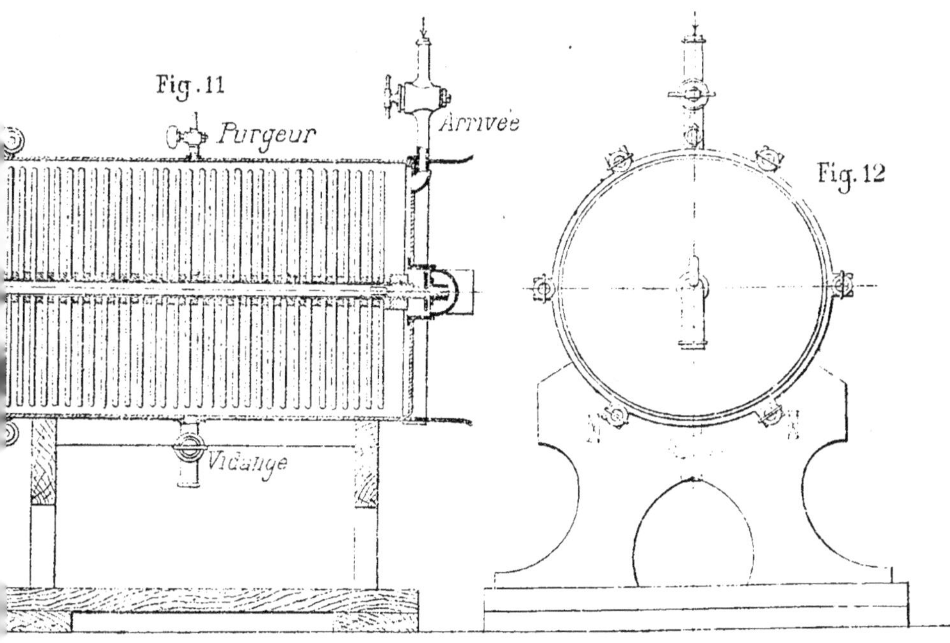

FILTRE SPÉCIAL POUR VINS ET BIÈRES

des appareils de dimensions fort différentes et applicables aux besoins de l'hygiène et de l'industrie.

Nous avons pensé qu'il serait intéressant pour beaucoup

d'industriels de se rendre compte de la valeur de notre procédé et ensuite de contrôler la marche de la filtration dans l'usine par des essais de laboratoire. Nous avons construit à cet effet de petits appareils fort commodes de 1 décimètre carré de surface filtrante, qui permettent d'atteindre ces résultats.

Nous avons également construit divers modèles de filtres

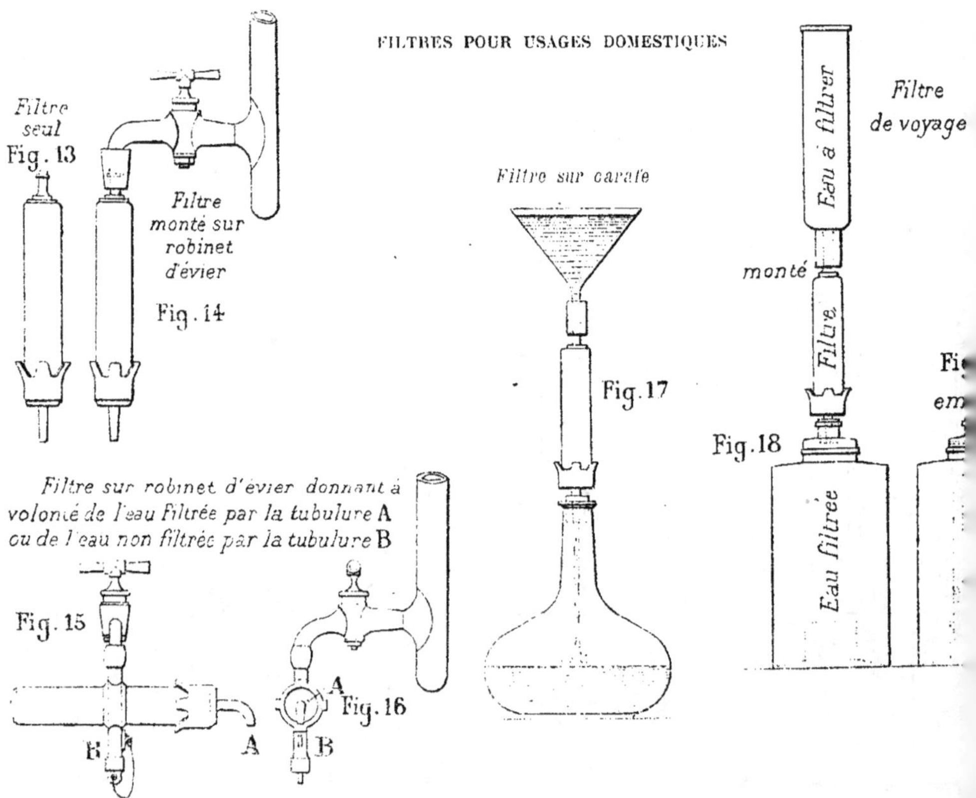

pour usages domestiques donnant l'eau nécessaire à une famille de cinq à six personnes, sans autre réservoir intermédiaire qu'un verre ou une carafe, et moyennant une dépense de matière filtrante de 1 franc par an.

Les appareils employés à la filtration des vins et de la bière sous pression d'acide carbonique ont la disposition des figures 11-12, ils permettent simultanément la filtration et la mise en bouteille sous pression.

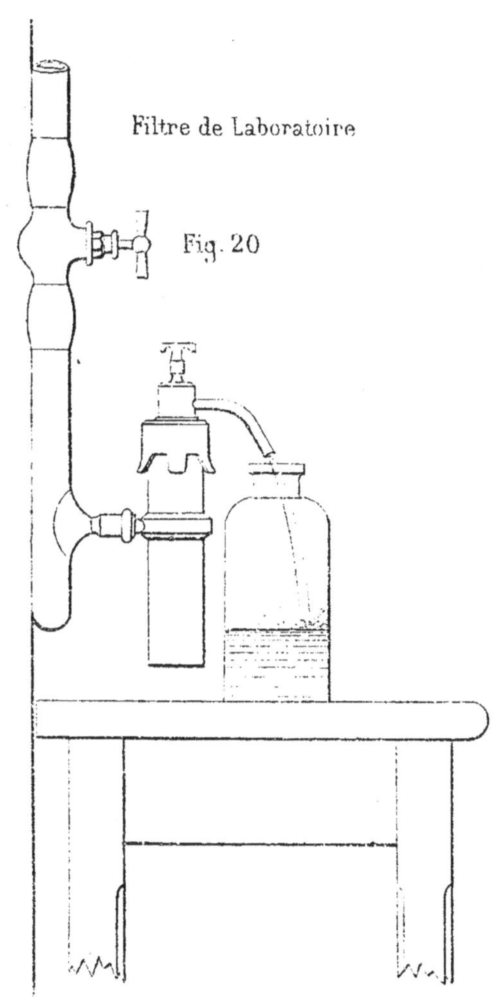

Fig. 20

Indépendamment des appareils énumérés ci-avant, nous avons étudié un modèle de 200 mètres carrés pour la filtration des eaux d'alimentation des villes. Nous avons fait de cet emploi de notre procédé l'objet d'une étude spéciale que nous ferons connaître ultérieurement.

Notre procédé peut d'ailleurs s'appliquer à la plupart des filtres industriels actuellement en service dans les usines. Il suffit en effet de remplacer les toiles par des feutres et de modifier leurs éléments pour leur donner la majeure partie des avantages qui caractérisent nos appareils.

Ainsi que nous l'avons expliqué, nos appareils fonctionnent efficacement sous les pressions les plus élevées, quelles que soient les variations de la charge et dès que l'on produit l'écoulement.

Leur puissance filtrante est considérablement supérieure à celle de tous les appareils connus. Le prix de la filtration est des plus minimes. Enfin, notre procédé est le seul qui permette économiquement la stérilisation des filtres.

Il réalise donc toutes les conditions d'une filtration parfaite, rapide et économique, et par les qualités nouvelles qui le distinguent il répond à tous les besoins connus.

IMPRIMERIE CHAIX, RUE BERGÈRE, 20, PARIS. — 17268-8-94. — (Encre Lorilleux).

www.ingramcontent.com/pod-product-compliance
Lightning Source LLC
LaVergne TN
LVHW012019170826
845678LV00004BA/1563

* 9 7 8 2 3 2 9 6 2 1 7 5 3 *